你想不到的动物搭档 ②

[英]索菲·科里根　著绘

李艳　译

GUANGXI NORMAL UNIVERSITY PRESS

广西师范大学出版社

·桂林·

NI XIANGBUDAO DE DONGWU DADANG
你想不到的动物搭档

出版统筹：汤文辉   责任编辑：戚　浩
品牌总监：张少敏   助理编辑：王丽杰
版权联络：郭晓晨　张立飞   美术编辑：刘淑媛
责任技编：郭　鹏   营销编辑：张　建

著作权合同登记号桂图登字：20-2023-187 号

图书在版编目（CIP）数据

你想不到的动物搭档：全 3 册/（英）索菲·科里根著绘；李艳译. --桂林：
广西师范大学出版社，2024.2
（神秘岛. 奇趣探索号）
书名原文：Animal BFFs
ISBN 978-7-5598-6463-5

Ⅰ．①你… Ⅱ．①索… ②李… Ⅲ．①动物－少儿读物 Ⅳ．①Q95-49

中国国家版本馆 CIP 数据核字（2023）第 197896 号

广西师范大学出版社出版发行
（广西桂林市五里店路 9 号   邮政编码：541004   ）
（网址：http://www.bbtpress.com）
出版人：黄轩庄
全国新华书店经销
北京利丰雅高长城印刷有限公司印刷
（北京市通州区科创东二街 3 号院 3 号楼 1 至 2 层 101   邮政编码：101111）
开本：787 mm × 1 092 mm   1/16
印张：11.25   字数：150 千
2024 年 2 月第 1 版   2024 年 2 月第 1 次印刷
定价：88.00 元（全 3 册）

如发现印装质量问题，影响阅读，请与出版社发行部门联系调换。

目　录

你好，朋友！

真高兴你能来。

我们正在聊动物之间的关系是怎么让地球生态系统运转的。

在动物王国中，有着你想不到的各种奇妙关系！例如……

点状蜂蛙会和狼蛛友好相处，免受捕食者的攻击，并吃到被狼蛛的食物残渣和卵宝宝吸引而来的小昆虫，而狼蛛的卵宝宝也会得到点状蜂蛙的保护。

海狸不会亲自照顾青蛙的卵宝宝，但是它建造的水坝形成了浅浅的池塘，非常适合青蛙在里面产卵，并让青蛙的卵宝宝获得安全保障。海狸对此却一无所知。

红喉蜂鸟会偷蜘蛛网来做弹性鸟巢，甚至吃掉蜘蛛。

你知道吗？不管是相同物种，还是不同物种，它们之间都有许多隐秘的甚至看似不太可能存在的关系哟！

我们是动物王国里的铁杆好友！

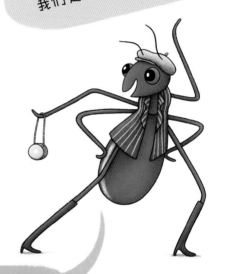

我们是动物王国里的利用者与被利用者！

我们是动物王国里天生的敌人。

动物中的铁杆好友

我们永远是
最好的朋友！

欢迎登上动物们的友谊小船！

在这一节中，你会了解有些动物
的关系为什么如此亲密，它们为对方
做了什么，它们的友谊如何给各自的
生活带来好处。

不客气，我的朋友！

我的狒狒朋友，
谢谢你送的友谊手镯，
真漂亮！

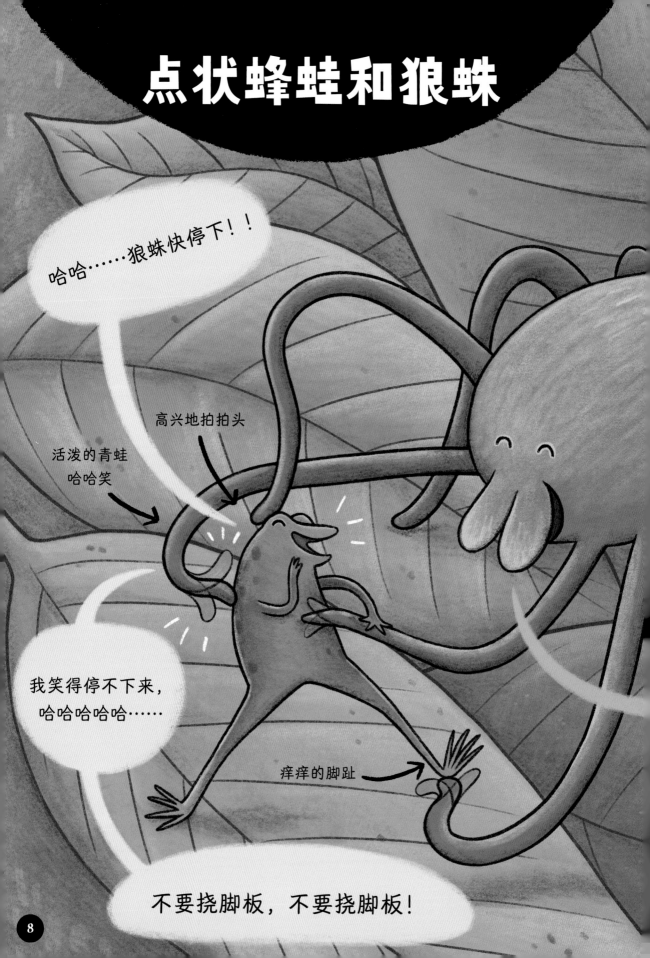

点状蜂蛙和狼蛛

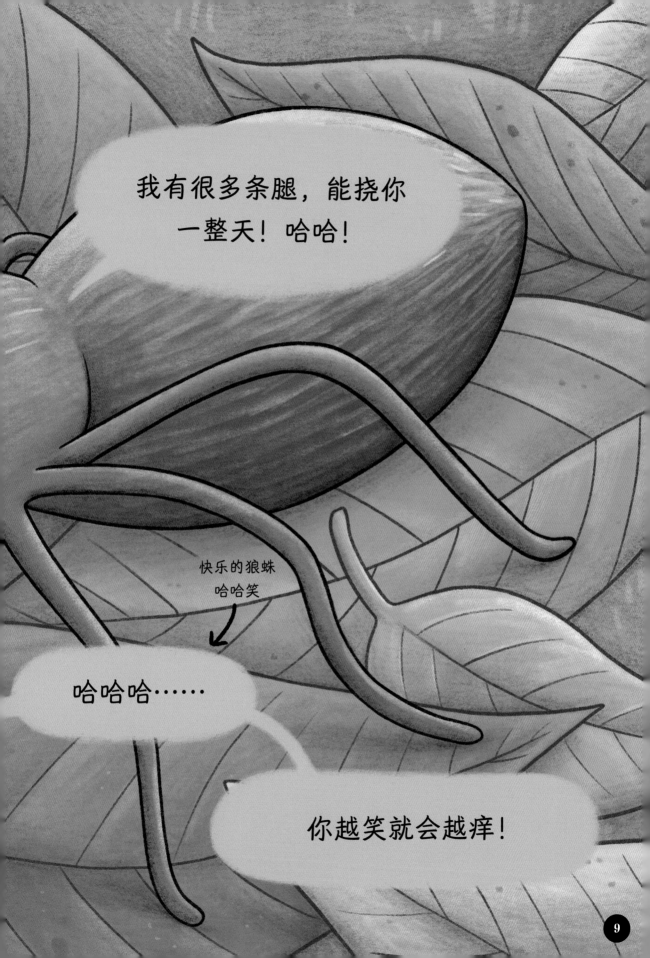

狼蛛挠点状蜂蛙痒痒不仅好玩，还能增进友谊！

狼蛛可以轻易吃掉我，但我们心有灵犀，它从来没有想过伤害我。

这是我的室友点状蜂蛙。我们同住一个洞穴，都在里面产卵！

贴身保镖

最好的姐妹！

狼蛛卵宝宝的保育员

对，我永远不会吃我的点状蜂蛙朋友。点状蜂蛙会吃掉那些盯着我的卵宝宝的蚂蚁，保护我的卵宝宝。据说蚂蚁很难吃！

是的，这些蚂蚁零食是额外的奖励。有狼蛛做保镖，我才不太可能被蛇吃掉！

吃狼蛛卵宝宝的可恶蚂蚁

呃……这家伙也在？要不今天还是别吃狼蛛卵宝宝了吧！

有趣的事实

* 狼蛛和点状蜂蛙都能从它们的关系中获益——点状蜂蛙既能获得狼蛛的保护，免受捕食者的攻击，又能吃到被狼蛛的食物残渣和卵宝宝吸引而来的小昆虫；同时狼蛛的卵宝宝也得到了保护。

* 狼蛛无法独自保护卵宝宝免受蚂蚁的伤害，因为蚂蚁太小了，狼蛛根本抓不到它们！

* 有时狼蛛不小心抓住点状蜂蛙，会误以为是它的猎物。经过仔细检查，狼蛛一旦识别出特殊的化学信息，就会马上放了点状蜂蛙！

水豚和肉垂水雉

好了,大家说茄子!

自拍杆

茄子!

水豚,你是我最好的朋友,
你是如此受欢迎!

水豚和肉垂水雉（zhì）并不会一起自拍，但水豚确实是"交际花"，很受其他动物尤其是肉垂水雉的<u>欢迎</u>！

它是我们的好朋友。

它是世界上最舒适的"沙发"。它还让我们在它的皮毛上抓虫子吃。我们太喜欢它了！好吃！

是的！有时会有点儿疼，但可以忍受。我知道你们是为我好。

膨大的鼻吻部

游泳用的脚蹼

让你们坐在我身边或者我身上，我感到非常高兴！

边捉虫子边梳毛

在湿地涉水的大脚

有趣的事实

* 水豚是世界上体形最大、最友好的啮齿动物！尽管水豚很可爱，但它还是会做一些让人恶心的事情，比如吃自己的粪便！因为水豚吃的草比较难消化，所以排泄出来后水豚会再次把它吃进去。这样做有助于再次吸收营养，虽然听上去恶心，但对身体有益！

* 肉垂水雉和其他鸟一样，以水豚为"住所"，四处旅行和寻找食物。这些鸟为水豚梳理毛发，吃掉藏在水豚毛发和皮肤上的虫子。水豚会经常翻身，让这些鸟更容易靠近它的肚子！水豚为肉垂水雉提供免费大餐的同时，还享受到了舒服的"鸟疗"！

它们叫我"大自然的沙发"。

鮣鱼和鲨鱼

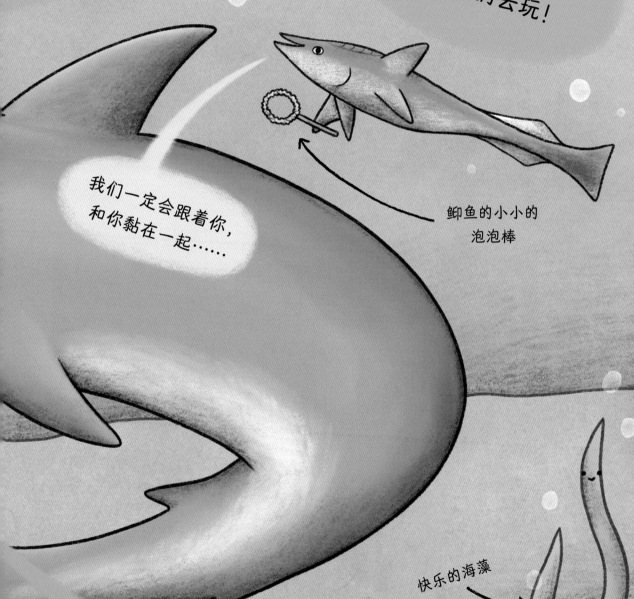

大大小小的泡泡

朋友们跟我来，
我带你们去玩！

我们一定会跟着你，
和你黏在一起……

鲫鱼的小小的
泡泡棒

快乐的海藻

你们有点儿黏人，
但我挺喜欢的！

鮣鱼和鲨鱼真的黏在一块儿！

我们非常喜欢和鲨鱼待在一起，
甚至黏在鲨鱼身上！

吸盘

我们头上有特殊的吸盘！它能帮我们紧紧
抓住你，跟着你毫不费力地环游海洋。

没问题！不过你除了吃我的剩菜，还会
吃我身上的寄生虫和皮屑，对吧？

是的。

虽然听上去有点儿恶心，但
我就是为这些才同意的。

我们为鲨鱼清洁口腔时，鲨鱼通常不会吃我们，真是庆幸！

众所周知，我们真的很黏人！我们不仅会黏鳐鱼、海龟、鲸，有时还会黏戴呼吸器的潜水员！

只要看到体形比我们大并且四处游动的动物，我们就想黏在上面！

有趣的事实

★ 鲫鱼从和鲨鱼的友谊中获益良多——便利的交通、充足的食物，以及顶级海洋捕食者的保护！鲨鱼也从这段关系中获益——让自己的皮肤免遭寄生虫侵害，让自己牙缝中没有食物残渣。鲨鱼牙缝中的食物残渣如果不被及时清理，会滋生出有害的微生物。

★ 鲫鱼的头部扁平，上面有椭圆形的吸盘，因此也被称为"吸盘鱼"。

海葵和寄居蟹

擅长扭动和咯咯笑的海葵

猪猪坐骑是最好的!

结实的外壳

小心地驮着

同意,但你知道我是螃蟹不是猪,对吧?

好吧，海葵和寄居蟹并不会给对方当坐骑，但是海葵确实会搭寄居蟹的便车！

这对我们双方来说是件好事！

有趣的事实

* 寄居蟹和海葵之间有着有趣且不寻常的关系。海葵能很好地保护寄居蟹免受捕食者伤害。科学家尚不明确寄居蟹和海葵是如何沟通的。当寄居蟹向海葵发出危险警报时，海葵会在寄居蟹身上布置一层有刺的保护罩，并且伸出带刺的触手抵御危险。如果寄居蟹背上有看起来很危险的海葵，捕食者就不太想吃掉它了！

* 为了报答救命之恩，寄居蟹会免费为海葵提供食物。海葵很乐意吃寄居蟹的食物残渣。

* 实际上，如果不和寄居蟹的壳绑在一起，海葵便无法随意移动，所以寄居蟹还为海葵提供了额外便利的交通。

* 寄居蟹和海葵可以在一起生活很久！即使寄居蟹需要更换更大的壳，它也会把海葵带上，然后它们一起长大。这才是真正的友谊！

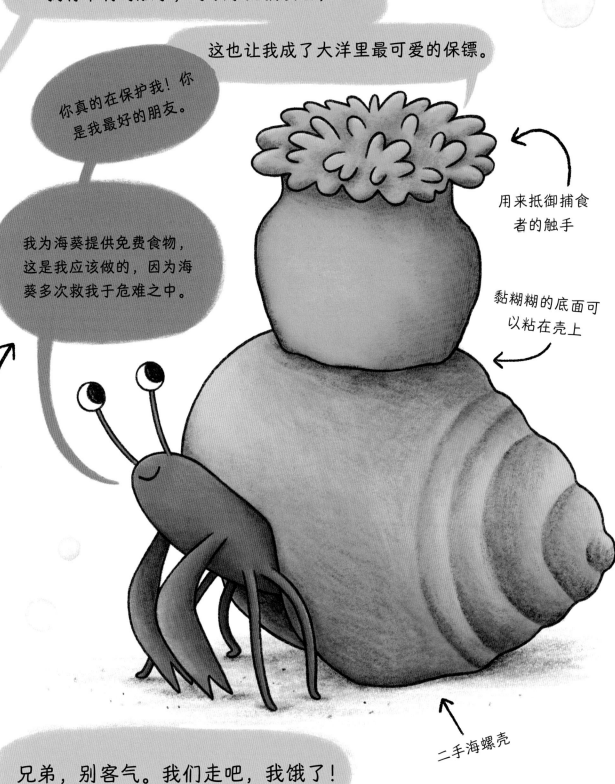

我有带刺的触手，可以杀死捕食者，

这也让我成了大洋里最可爱的保镖。

你真的在保护我！你是我最好的朋友。

我为海葵提供免费食物，这是我应该做的，因为海葵多次救我于危难之中。

用来抵御捕食者的触手

黏糊糊的底面可以粘在壳上

二手海螺壳

兄弟，别客气。我们走吧，我饿了！

大象和狒狒

你们太有才啦!

谢谢你们的友谊手镯,
我会好好珍惜的!

我的手比你的灵巧,
这是我应该做的!

仔细地制作

好吧，虽然和友谊手镯无关，
但狒狒为大象做了更重要的事情！

我会照顾大象，真的！

我坐在树梢上时刻警惕危险。我发现捕食者（比如狮子）时，马上就会提醒我的朋友。

作为回报，我用长长的象牙挖洞取水，为狒狒解渴！

有力的"大象挖掘机"

草原"探测仪"

补充水分很重要——我生活的地方非常炎热，很难找到水。

会爬树的腿

有趣的事实

* 狒狒口渴的时候会跟随象群，因为大象会用牙齿在地上挖水坑！它们一起快乐地喝水，简直是"水逢知己千杯少"！

* 作为交换，狒狒会在树上执行警戒任务。它们在高处，既能保护自身安全，还能在发现危险时大声喊叫，通知大象逃跑。

* 虽然大象是陆地上体形最大的哺乳动物，但有很多捕食者会以小象为攻击目标。另外，偷猎者总是把成年大象当作捕杀目标。幸好有狒狒帮大象来躲避这些危险。

清洁鱼和海洋生物

有谁要胡椒粉吗？

啊，真是五星级服务！清洁鱼，谢谢你的热情款待哦。

没有什么比招待朋友
更让我开心的了。

清洁鱼不会提供招待服务，但会为海洋生物清洁！

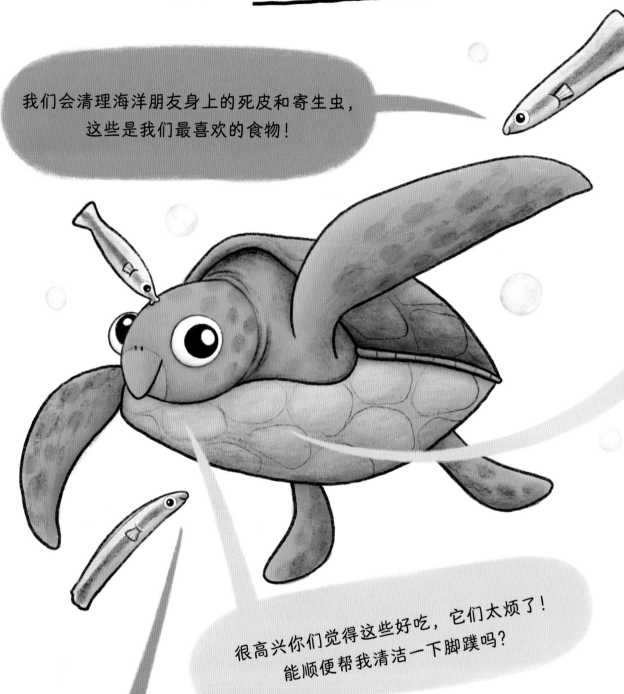

我们会清理海洋朋友身上的死皮和寄生虫，这些是我们最喜欢的食物！

很高兴你们觉得这些好吃，它们太烦了！能顺便帮我清洁一下脚蹼吗？

没问题，很高兴为您服务！

啊，没有什么比在"清洁小站"停下来做次清洁更舒服的啦！你们太专业了。

让您满意，我们很开心。这些食物太美味了，下次我们还会来哟！

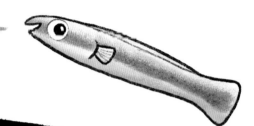

有趣的事实

* 专门为一些海洋生物提供清洁服务的鱼类叫作"清洁鱼"。它们以顾客身上的死皮、寄生虫等为食。

* 清洁鱼的顾客有海龟、蝠鲼（fèn），以及其他海洋生物。这些顾客积极寻找"清洁小站"来清洁自己的身体，以保持最佳状态！清洁鱼对许多海洋生物的健康至关重要。

* 因为清洁鱼为顾客服务认真细致，获得了顾客的高度认可，所以顾客对清洁鱼都很友好，不会伤害它们。

* 这是双赢的局面——顾客能享受免费清洁服务，而清洁鱼则轻而易举地获得了美味佳肴。

动物中的利用者与被利用者

我们是动物王国里的
利用者与被利用者！

在这一节中，你将会看到，有些动物会利用另一些动物，而那些被利用的动物却根本不知道。还有某些动物特别有天赋，它们会通过模仿另一些动物的声音、长相，或者仿建其住所等，让自己有所获益，而另一方也不受影响。

大胆！鸲（qú）鹟（jīng）
就不能享受一下安静吗？

33

凯门鳄和蝴蝶

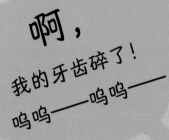

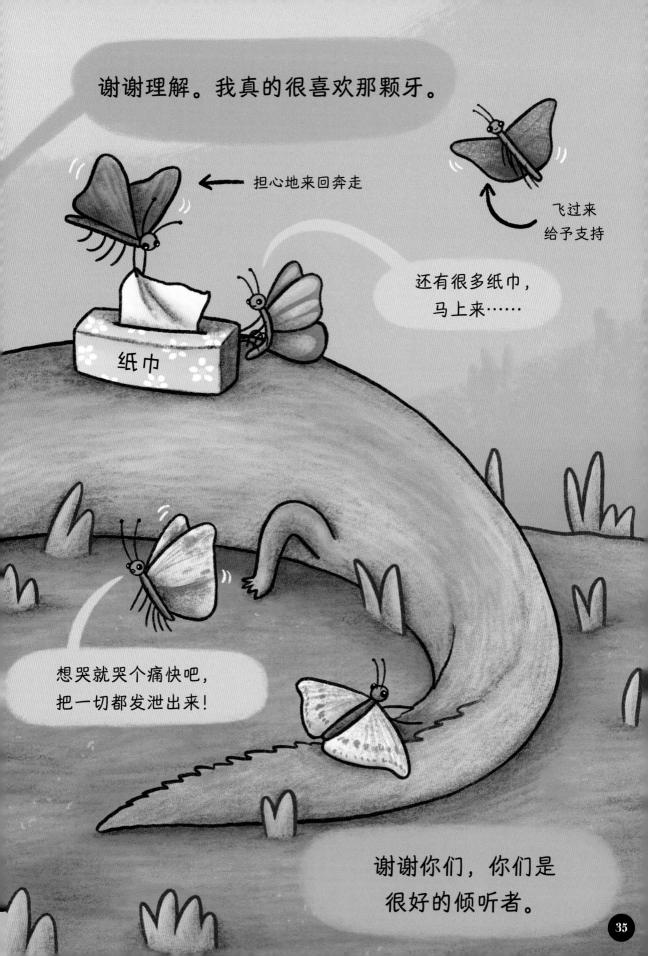

蝴蝶不会帮凯门鳄<u>擦</u>眼泪，
但蝴蝶会<u>喝下</u>凯门鳄的眼泪！

别担心！没有听起来那么可怕。

不得不说，这种行为有点儿奇怪，但我还是爱你们。

其实我们只是喜欢你的眼泪的味道。

这很奇怪，但你的眼泪真的非常美味。它是咸的！

我可以一直忍受你们的怪异行为。

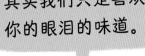

有趣的事实

* 蝴蝶会喝凯门鳄的眼泪，因为凯门鳄的眼泪中含有微量元素和钠元素（盐的主要成分）。这是一种趋泪行为。

* 蝴蝶的主要食物是花蜜，花蜜含糖量高，而含盐量低。蝴蝶需要盐来帮助它保持良好的新陈代谢，从而顺利产卵，所以凯门鳄的眼泪就成了蝴蝶完美的健康饮料！

* 凯门鳄不会被蝴蝶伤害，它会在蝴蝶吸食自己眼泪的时候一直安静地待着。

你们真漂亮，你们让我觉得自己很特别！看着你们四处飞舞，我很放松。

我们也爱你！

丛林蜥蜴和甲虫

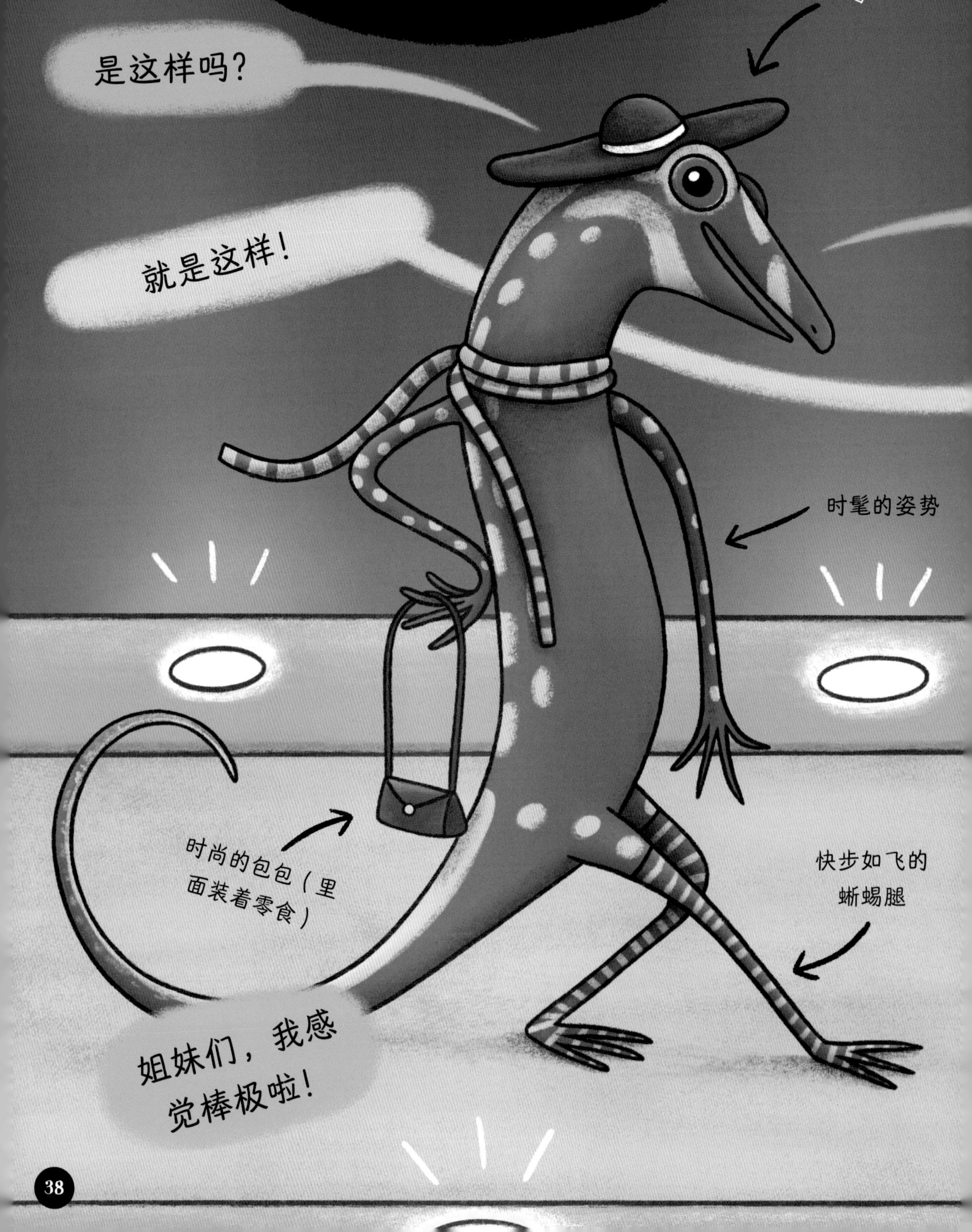

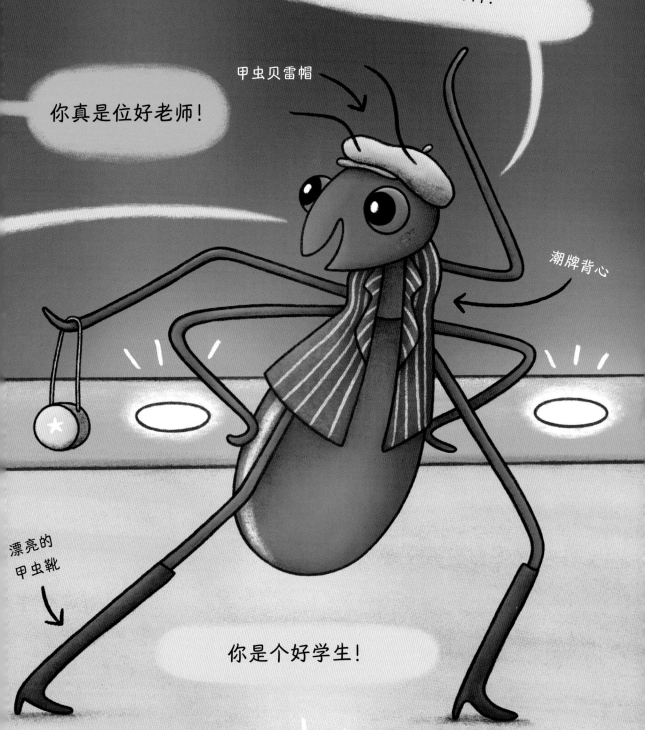

你不会看到丛林蜥蜴和甲虫在T台上昂首阔步，但是年幼的丛林蜥蜴确实会模仿甲虫的<u>走路方式</u>！

这种做法不是追求时尚，而是为了生存。
我最终会走出警戒拟态这个阶段。

你瞧，如果我被当成喷酸水的甲虫，捕食者就不会想要吃掉我了。

没错，我会对试图抓我的捕食者喷酸水，这样捕食者就会明智地避开我！

最终，我会改变颜色，成为普通的成年丛林蜥蜴。但是在幼年的时候，我会模仿甲虫的外形和标志性的行走方式。

喷射乙酸

甲虫

独特的甲虫步伐

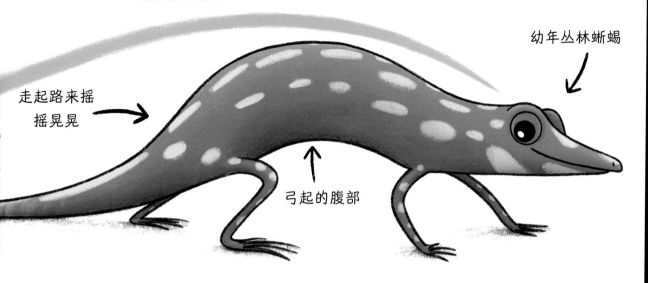

幼年丛林蜥蜴

走起路来摇
摇晃晃

弓起的腹部

有趣的事实

* 受到威胁时，甲虫会摇摇晃晃地走路，并弓起腹部，喷射乙酸。这种酸水会导致捕食者暂时失明，所以当甲虫摆出这种姿势时，捕食者就会与之保持距离。"甲虫泡泡"在荷兰语中的意思就是"长着眼睛的唾沫喷射者"。真有趣！

* 丛林蜥蜴幼年时的颜色与甲虫的一样，它们还会模仿甲虫的外形和行走方式。这对甲虫没什么影响，但幼年丛林蜥蜴通过这种方式可免遭捕食者的伤害——捕食者会把这种无害的丛林蜥蜴误认为会喷射乙酸的甲虫，从而远离它们。

* 成年后，丛林蜥蜴身上的斑点会消失，它们也不会再模仿甲虫的独特行走方式，因为成年后被吃掉的风险会降低。

北极狐和驯鹿

驯鹿姐姐，谢谢你挪走这些雪！要是没有你的帮助，我永远也做不出这么酷的雪雕。

不客气！我想我只是擅长翻动雪而已。我从来不知道你还会做雪人！

我正好路过，要不然我就错过这么好玩的事了！你能给它装上鼻子吗？

北极狐和驯鹿并不会在一起堆雪人，但是驯鹿确实会翻动雪。

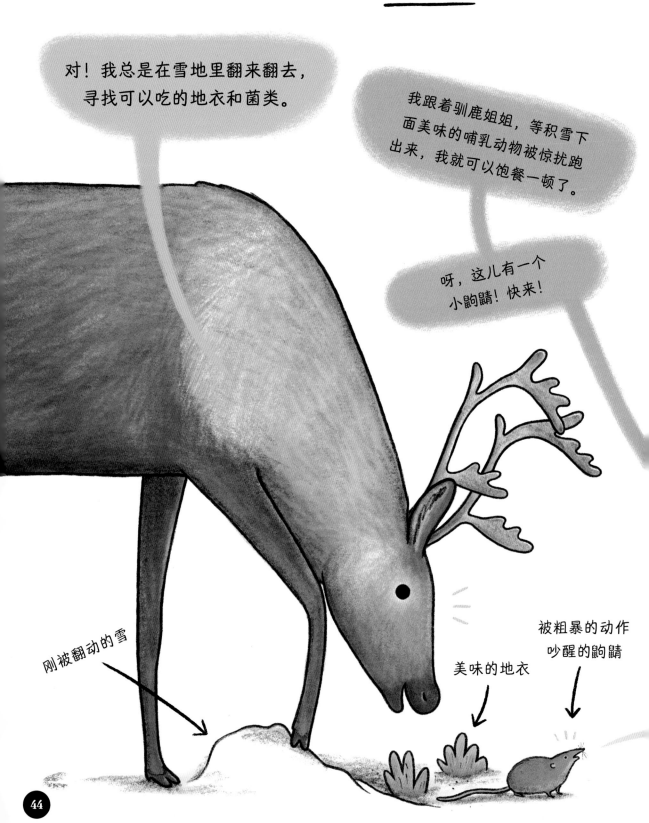

对！我总是在雪地里翻来翻去，寻找可以吃的地衣和菌类。

我跟着驯鹿姐姐，等积雪下面美味的哺乳动物被惊扰跑出来，我就可以饱餐一顿了。

呀，这儿有一个小鼩鼱！快来！

刚被翻动的雪

美味的地衣

被粗暴的动作吵醒的鼩鼱

有趣的事实

* 北极狐和驯鹿生活的北极，是地球上生存环境最恶劣的地方之一！那里气候寒冷，很难找到食物，所以驯鹿不得不用蹄子扒开厚厚的积雪来获取地衣和菌类。

* 驯鹿在雪地里翻来翻去的举动为北极狐减轻了工作负担，因为北极狐喜食躲藏在积雪下面的小型哺乳动物。驯鹿寻找食物的时候会惊动积雪之下的小型哺乳动物，使它们暴露出来。这样一来，北极狐就能抓住它们了。

* 除此之外，北极狐还会在夏季把食物（比如鸟蛋）储存在永久冻土层。这些食物可以保存一整年！

* 驯鹿是地球上迁徙时间最长的哺乳动物之一！每年夏天，它们都会向北进行大约970千米的长途跋涉。据人类目前的了解，有的鹿群甚至每年要长途跋涉大约3 200千米！

饥饿的北极狐

可恶！驯鹿就不能享受一下安静吗？

海狸不会照顾蝌蚪，但它的行为确实保护了蝌蚪的安全！

我只是在建造水坝！

海狸，这看起来只是个小小的举动，是为你自己而建的，但你的水坝也有助于保护我的家人！

你的水坝形成了浅浅的池塘，非常适合我产卵。对我的卵宝宝来说，在这里它们更安全些。我们的家园基本都是你建成的！

哇，我不知道我有那么棒！跟我走！

才华横溢的海狸

有趣的事实

* ★ 海狸是"建筑大师"，为改变自然环境做了很多事情！

* ★ 海狸用收集到的木头在水流中筑坝。水坝修好后，海狸就会用树枝、小草和泥巴建造小屋，然后住进甜蜜之家！

* ★ 水坝和附近的水域给青蛙带来了好处。因为水流流速较慢，所以青蛙在里面产卵非常安全。蝌蚪也受益于平静的池塘提供的安全环境。

* ★ 海狸是动物王国里的"美人鱼"！它可以在水下停留约15分钟，而且它拥有特殊的透明眼皮（有点儿像护目镜），可以让它在水下看清东西！

海狸结交了来自远方的特别朋友。因为它建造的水坝无意中给其他物种带来了好处，对环境也非常有益！

动物中的敌人

我们是动物王国里的敌人！

在动物王国还有一些动物，彼此之间简直就是敌人（有的物种对一个物种真的天生有敌意）。它们中的一方会吃另一方的食物，搬进另一方的家，甚至强迫另一方抚养它们的孩子！

它又来偷午餐了！不能再相信这个家伙了。

红喉蜂鸟和蜘蛛

我真美啊!

我真聪明呀! 看看，这个巢是我自己搭的!

每个人都喜欢我。我很可爱，喜欢吃甜甜的花蜜，我连一只苍蝇都不会伤害!

看，我振翅的时候多么酷啊!

好的。但是红喉蜂鸟，你好像……伤害了我。你偷了我的网!

红喉蜂鸟不会那么傲慢，但它们确实会偷蜘蛛丝来筑巢！

偷东西非常不礼貌，尽管我能理解你为什么这么做！

真的，我知道偷东西不对，但你的网刚好能满足我的需求！我可以用它搭建复杂精细的弹性鸟巢，用来产卵……

蜘蛛丝很黏，还能粘住小虫子，我可以吃这些虫子！

坏掉的蜘蛛网

很高兴你喜欢我的手艺……唉，可我现在必须再织一张网，才能待在上面！

有趣的事实

★ 蜘蛛需要用网来捕食，然而红喉蜂鸟摧毁了蜘蛛网。

★ 红喉蜂鸟偷蜘蛛丝来做弹性鸟巢。蜘蛛丝的黏性使苔藓和小树枝很容易附着在上面，成为脆弱的红喉蜂鸟宝宝非常需要的安全港湾。

★ 红喉蜂鸟也会吃掉粘在鸟巢上的虫子，有时甚至吃掉蜘蛛。这对蜘蛛来说简直是飞来横祸！

★ 对红喉蜂鸟来说，偷蜘蛛丝有时很危险，因为红喉蜂鸟可能会困在其中，但通常这种情况不会出现。

偷来的蜘蛛丝

富有弹性和黏性的巢

如你所见，动物王国里的各种奇妙关系远比我们看到的要复杂，常有很多戏剧性的事情发生！

在动物王国，不同的动物之间，它们有时相处融洽，有时真的会激怒对方。

无论动物间是和平相处，还是一方利用另一方，又或者是一方伤害另一方，这些都对地球生态系统的平稳运行和健康发展至关重要。

注：本书所有插图是卡通示意图，不做实际参考。